Auguste Laugel

L'Homme primitif

essai

ISBN : 978-1541105744

10 9 8 7 6 5 4 3 2 1

Auguste Laugel

L'Homme primitif

essai

Table de Matières

Introduction

Depuis que l'homme a ouvert les yeux sur le monde, il se demande avec anxiété quelle est son origine et quelle doit être sa fin. Il a fouillé jusqu'aux plus lointaines distances et jusqu'aux plus minutieux détails la nature au sein de laquelle il est jeté, il en a découvert les plus mystérieux ressorts, les plus magnifiques lois ; mais il ne sait encore quel est son rôle dans ce drame, dont seul pourtant il semble appelé à deviner le sens. Il se connaît et connaît l'univers, mais le spectateur et le spectacle demeurent en face l'un de l'autre comme les deux termes d'une insoluble antinomie. D'où partons-nous ? Où allons-nous ? Quel degré occupons-nous dans cette échelle d'existences innombrables que le temps élève et abaisse sans cesse ? L'homme est-il le dernier terme d'une longue série, ou reste-t-il seul, sans points de comparaison, ignorant si sa petitesse est grandeur ou sa grandeur petitesse ?

Les réponses n'ont jamais manqué à ces questions, que l'esprit se pose aussitôt qu'il est traversé par les premières lueurs de la raison ; mais que ces réponses sont confuses et contradictoires ! Frappés du caractère tragique de la vie humaine, effrayés de la responsabilité qui pèse sur nos consciences, la plupart des penseurs ont en quelque sorte mis l'homme aux pieds mêmes de Dieu ; ils l'ont proclamé roi de la création, mais en traçant entre ses sujets et lui, comme dans certaines cours d'Orient, des barrières infranchissables. Ils l'ont porté sur les hauteurs de la pensée, et lui ont appris à dédaigner tout ce qui n'était pas lui-même. L'analyse scientifique a de tout temps réagi contre ces nobles entraînements de la philosophie : il s'est toujours trouvé des hommes qui, bornant leur horizon et leurs espérances, ont étudié notre espèce dans ce qu'elle a d'humble, de matériel, de tangible. Les observateurs ont patiemment démoli la base fragile de tant de grands édifices qui montaient jusqu'aux cieux. Ils ont étudié l'homme ailleurs que dans son âme : ils ont scruté ses besoins physiques, ses fonctions, sa chair, ses maladies ; ils ont découvert ainsi des similitudes, des *affinités* de plus en plus nombreuses par où notre espèce se rattache au reste de la création animée. La plus grande découverte des sciences modernes, celle en qui se résument presque toutes les autres, c'est l'unité du plan organique de la nature. Dans ce vaste tableau, on ne peut refuser

Auguste Laugel

une place à l'homme : il la prend de plein droit, et ce serait faire violence aux faits les mieux constatés que de l'en exclure. « Il est dangereux, écrivait Pascal dans ses *Pensées*, de trop faire voir à l'homme combien il est égal aux bêtes sans lui montrer sa grandeur. Il est encore dangereux de lui trop faire voir sa grandeur sans sa bassesse. Il est encore plus dangereux de lui laisser ignorer l'un et l'autre, mais il est très avantageux de lui représenter l'un et l'autre. »

La question des origines de l'espèce humaine telle que la science la pose et la discute aujourd'hui est une de celles qui font le mieux ressortir la justesse du mot de Pascal. C'est ici que notre grandeur et notre faiblesse se montrent avec le plus d'évidence. Dans le domaine un peu confus des recherches entreprises sur cette question se rencontrent plusieurs sciences particulières, la géologie, la physiologie, la zoologie, la philologie elle-même. Elles s'y donnent la main pour faire alliance contre des doctrines demeurées longtemps à l'abri de toute contradiction, ou pour mieux dire reléguées en dehors de toute discussion. La science moderne ne se contente pas de renverser les bases, bien fragiles, il faut l'avouer, des chronologies classiques et de faire remonter la naissance de l'homme à un terme si éloigné que notre histoire écrite apparaît comme un moment fugitif dans une incalculable série de siècles ; elle va plus loin, elle prétend nous arracher nos titres de noblesse, et nous représente comme les successeurs, les descendants d'une famille de grands singes anthropoïdes. Elle relègue parmi les mythes, les chimères, la tradition d'un homme primitif, brillant de jeunesse et de beauté, errant dans les jardins de l'Éden, avec son innocente compagne, au milieu d'une cour familière d'animaux, pour nous montrer sur des rivages glacés je ne sais quel être abject, plus hideux que l'Australien, plus sauvage que le Patagon, une brute féroce luttant avec de simples pierres taillées en biseau contre les animaux auxquels il dispute sa misérable existence.

La vérité est souveraine, elle est divine, et jamais il ne nous est permis de voiler son image. Il y a pourtant, qui ne le sait ? des âmes délicates que certaines vérités épouvantent ou révoltent, comme il y a des hommes incapables de demeurer dans le cabinet d'un anatomiste, au milieu des irritantes fumées de l'esprit-de-vin, alourdies par les fétides vapeurs du sang. Qui songerait pourtant

Introduction

aujourd'hui, comme on le faisait jadis, à interdire aux savants la dissection des cadavres ? Quelle colère puérile irait briser dans les collections tous ces bocaux où, dans un liquide jauni, se balancent les gluants embryons, les monstres étranges, les fœtus livides, les organes de tout genre, mis à nu par un scalpel habile ? Qui n'est prêt à profiter des importantes leçons qu'on a su tirer de ces études longtemps regardées comme une impiété et une profanation ? Il faut bien qu'on permette aussi à la géologie de rechercher dans les restes du passé les traces de l'homme primitif, à la zoologie de ressaisir tous les fils qui rattachent notre espèce à la faune terrestre. Sans doute on n'entreprend pas, même aujourd'hui, de telles études sans éveiller des susceptibilités ombrageuses. Il faut respecter le sentiment dont elles sont l'expression ; mais on doit reconnaître aussi qu'il s'alarme peut-être inutilement. Quelle que soit notre origine, nos devoirs restent les mêmes : si notre berceau, comme celui du Christ, est dans une étable, notre royaume actuel n'en est pas moins assez vaste, assez beau ; nous rachetons par la grandeur de notre pensée, par la faculté de concevoir l'infini, toutes les misères de notre existence matérielle. Les comparaisons entre l'homme et les bêtes n'inspiraient point au ferme esprit de Bossuet ces craintes efféminées : « Dieu, s'écriait-il dans son traité *de la Connaissance de Dieu et de soi-même*, sous les mêmes apparences a pu cacher divers trésors, » pour faire comprendre que, si les organes sont communs à l'homme et à la brute, on en peut conclure que l'intelligence n'est pas seulement attachée aux organes.

L'Angleterre est le pays où le respect traditionnel pour les livres sacrés du christianisme est entré le plus profondément dans les âmes et où depuis soixante ans l'esprit philosophique a le moins montré de hardiesse ; c'est là pourtant qu'on a écrit les livres récents où l'on cherche à démontrer l'origine extrêmement ancienne de l'homme, en même temps qu'à le rattacher par la doctrine de la transformation des espèces aux animaux supérieurs de la création. Jusqu'ici, l'esprit théologique n'est pas encore entré en lutte contre les nouvelles doctrines, soit qu'ayant renoncé, à la suite des premières découvertes de la géologie, à l'interprétation littérale des versets de la Genèse relatifs à la formation de la terre, il soit prêt à faire d'aussi larges concessions en ce qui concerne la création de l'espèce humaine, soit plutôt qu'on croie pouvoir abandonner à la, critique scientifique elle-même le soin de combattre des théories anthropologiques fondées sur l'hypothèse, encore peu en faveur, de la transformation des espèces.

L'ouvrage de M. Ch. Darwin sur l'origine des espèces a été le point de départ du mouvement scientifique dont nous voudrions aujourd'hui exposer les résultats principaux. On nous permettra de rappeler en peu de mots les théories de M. Darwin. Ce savant observateur a relevé avec beaucoup d'habileté ce qu'il y a de factice et d'artificiel dans les caractères de nos espèces et de nos variétés animales ou végétales, pour affaiblir en quelque sorte la définition de l'espèce. Il a pris pour base de son système le fait incontesté de la reproduction des caractères organiques par voie d'hérédité. Si une variété jouit de caractères spéciaux, transmissibles de génération en génération et capables de lui donner quelque avantage dans la lutte incessante que se livrent tous les êtres à la surface de la planète, les variétés moins favorisées doivent disparaître forcément devant elle. Lamarck avait déjà reconnu l'influence du milieu ambiant sur les êtres animés ; mais M. Darwin a bien fait ressortir, et, c'est son principal mérite, que dans le milieu ambiant il faut comprendre non-seulement les actions physiques, mais encore la réaction de toute la nature vivante sur chacun des êtres qui s'y trouvent embrassés. À la faveur de ces solidarités multiples, de ces conflits perpétuels, s'opère ce que M. Darwin a heureusement appelé la *sélection naturelle*. Continuée pendant une série d'âges qui ne se mesure ni par des siècles, ni par des milliers, ni même par des millions d'années, cette sélection amena la transformation continuelle des espèces en variétés et des variétés en espèces.

Sir Charles Lyell, l'un des géologues anglais les plus éminents, était tout préparé à accepter les doctrines de M. Ch. Darwin, car dans ses ouvrages, devenus presque classiques en Angleterre, il avait toujours invoqué ce qu'il nomme les *causes actuelles*, c'est-à-dire les forces que nous voyons agissantes autour de nous, pour expliquer tous les phénomènes du passé aussi bien que ceux du présent. Pour lui, la terre n'a jamais été, comme l'ont pensé Cuvier, Léopold de Buch, Humboldt, M. Élie de Beaumont, le théâtre de révolutions violentes et subites. Les formes extérieures de notre globe se sont graduellement modelées, en même temps que la faune et la flore s'y transformaient insensiblement. Une série de changements infiniment petits continués pendant un temps infini : en ces quelques mots peuvent se résumer toutes les leçons de l'école géologique dont sir Charles Lyell est le chef reconnu. L'histoire de l'homme devant prendre sa place dans cette succession indéfinie d'événements, sir Charles Lyell a été conduit à attribuer à notre espèce une très haute antiquité, et a cherché à en fournir la démonstration géologique.

La zoologie, pendant le même temps, abordait le problème de nos origines par un autre côté. Les arguments anatomiques qu'elle emploie de préférence se trouvent condensés dans un petit volume de M. Huxley, écrit d'une plume vive et acérée. Le titre de l'ouvrage, *la Place de l'homme dans la nature*, est illustré en quelque sorte par la gravure qui sert de frontispice. On y voit debout, l'un derrière l'autre, les squelettes du gibbon aux longs bras, de l'orang, du chimpanzé, du massif gorille, enfin de l'homme. Ce dessin résume du moins la partie anatomique du livre, caries conclusions de M. Huxley ne sont point celles d'un matérialisme grossier ; suivant lui, ce n'est point par quelques détails anatomiques que nous nous distinguons des grands singes anthropoïdes ; c'est par quelque chose qui est encore et qui nous restera peut-être toujours inconnu.

Avant d'entrer dans l'examen détaillé des preuves géologiques et zoologiques qu'on invoque pour prouver l'ancienneté de l'espèce humaine, il n'est peut-être pas inutile de prévenir le lecteur qu'on ne le conduira point sur un champ de bataille, au lendemain d'une grande victoire, mais au milieu même de la mêlée où s'agitent les passions scientifiques les plus ardentes. D'un côté, j'ai déjà nommé Darwin, Lyell, Huxley ; de l'autre, on peut citer Richard Owen, le savant directeur du *British Museum*, et le célèbre naturaliste Agassiz. La lutte actuelle n'est point de celles dont on puisse attendre l'issue avant d'en raconter les premières péripéties.

Section I

Le problème de l'antiquité de l'espèce humaine ne se définit pas de la même manière pour l'archéologue et pour le géologue. Le premier a une chronologie rigoureuse, mais bornée par nos connaissances historiques : tout ce qui recule au-delà des premières civilisations ouvertes à ses recherches se confond pour lui dans la plus haute antiquité. Le géologue mesure le temps autrement que par les années : qu'on lui montre un débris de l'industrie humaine, il lui importe assez peu que ce fragment ait dix mille, vingt mille ou cent mille ans de date ; il veut savoir si on l'a extrait d'un terrain antérieur à ceux que déposent actuellement nos mers, nos lacs et nos fleuves, et renfermant les débris d'espèces animales aujourd'hui éteintes. L'archéologue, en un mot, cherche l'homme ancien, le géologue l'homme fossile. On peut donc démontrer l'antiquité absolue, chronologique de notre espèce, sans prouver son antiquité géologique.

Les dépôts les plus superficiels que nous rencontrons à la surface de nos continents se divisent en dépôts *modernes* et en dépôts *diluviens*. Les premiers comprennent toutes les alluvions des rivières inférieures au niveau des plus hautes inondations : tout ce qui dépasse ce niveau est diluvien ; de vastes terrasses s'étendent dans toutes les vallées à des hauteurs que les eaux ne peuvent plus atteindre. La vallée du Rhin, entre Bâle et Strasbourg, peut être citée comme un exemple de la différence qui sépare le terrain diluvien des alluvions actuelles. Ces dernières forment une lisière plus ou moins étroite sur les bords du fleuve ; mais la grande vallée creusée par les eaux diluviennes s'étend jusqu'aux falaises parallèles des Vosges et de la Forêt-Noire. Que des restes humains se rencontrent dans les alluvions actuelles du Rhin, qui s'en étonnerait ? Mais qu'on en trouve dans les fertiles limons de la plaine, et l'on aura mis la main sur l'homme fossile.

Le problème dans ces termes est, nous l'espérons, assez nettement défini, bien que sur l'origine même du terrain que j'ai nommé diluvien les géologues soient bien loin d'être d'accord. Suivant les uns, les dépôts diluviens ont été charriés par les eaux au moment même où nos vallées ont été creusées ; des massés d'eau boueuse, entraînant des blocs de toute grandeur, ont été déversées dans les grands sillons terrestres, en abandonnant des sédiments de plus en plus fins à mesure qu'ils se rapprochaient des embouchures. Les partisans des *causes actuelles*, refusant d'admettre que la terre ait subi de semblables cataclysmes, sont obligés d'avoir recours à d'autres hypothèses pour expliquer la présence dans les vallées de tant de matériaux erratiques, venus quelquefois de montagnes très éloignées. Ils supposent toutes les montagnes, même les moins élevées, couvertes de vastes glaciers, font descendre ceux-ci jusque dans les rameaux inférieurs de nos vallées ou promènent sur les terres submergées des radeaux de glaces flottantes chargés de pierres de toute grandeur. Ce n'est pas ici le lieu d'examiner la valeur relative de ces théories. Si l'origine et la classification du terrain diluvien demeurent incertaines, il se définit au moins assez nettement par ses caractères extérieurs en même temps que par les débris fossiles qu'il renferme.

Il importe d'ajouter que l'on rattache aussi au terrain diluvien les dépôts qui ont rempli certaines cavernes élevées, actuellement placées hors de l'accès des eaux fluviatiles ou marines. C'est dans ces grottes ossifères qu'on a cru d'abord découvrir l'homme fossile ; depuis bien longtemps, on a recueilli sur divers points de l'Europe des ossements ou des ouvrages, humains associés dans le rouge limon des cavernes à des restes d'hyènes, d'ours, d'éléphants, de rhinocéros, appartenant à des espèces aujourd'hui disparues ; mais les observations faites dans les cavernes ont toujours été mises en suspicion. L'homme y a souvent cherché un lieu de retraite et de sépulture ; les grottes sont traversées par des eaux sorties des fissures qui communiquent avec le sommet des plateaux, et pendant les grandes pluies des débris de toute sorte peuvent y être entraînés. Les inductions tirées de la présence simultanée des restes humains et des espèces d'animaux éteintes dans le sol des cavernes ont toutefois repris une grande importance depuis la découverte des silex taillés de main d'homme dans les graviers de la vallée de la Somme, en France, et de nouvelles recherches ont ramené l'attention sur les grottes ossifères.

Ces préliminaires posés, il faut chercher les traces les plus effacées de l'homme en sortant des temps historiques et en s'enfonçant dans un passé de plus en plus lointain. Pour retrouver l'homme primitif, la science ne nous conduit pas sur les plateaux de l'Asie centrale, dans cette région que la philologie a quelquefois nommée l'ombilic du monde, et dont elle ne parle qu'avec une sorte de religieuse vénération, car elle en fait descendre les deux grandes races iranienne et sémitique qui ont marché en tête de la civilisation et ont fourni à la pensée humaine les idées qui sont ses vrais titres de

Auguste Laugel

noblesse. Il y a lieu de croire qu'une exploration des hautes vallées de l'Iran, entreprise non pas au point de vue archéologique, mais au point de vue géologique, fournirait des résultats précieux et peut-être très inattendus ; mais jusqu'à présent l'homme antéhistorique n'a été trouvé que dans le Danemark, en Suisse, en Angleterre, dans les plaines du nord de l'Allemagne, en France, dans une zone en résumé plutôt septentrionale que méridionale.

Avant la domination romaine, les vastes plaines du nord de l'Europe, encore recouvertes par d'épaisses forêts, nourrissaient déjà une population à laquelle l'usage du bronze n'était pas inconnu, et qui était en conséquence arrivée à un état de civilisation relativement assez avancé, car le bronze est un alliage de cuivre et d'étain, et ces métaux ne sont extraits de leurs minerais qu'avec quelque difficulté. Cette civilisation grossière était assez uniformément répandue depuis la Scandinavie jusqu'aux Alpes et même dans le vaste bassin du Danube. On en a trouvé les monuments dans les tourbes du Danemark ; ils s'y rencontrent au-dessous des couches superficielles qui contiennent les débris de l'âge de fer. Des épées et des boucliers de bronze ont été retirés des couches plus profondes et sont conservés aujourd'hui au musée de Copenhague. On a recueilli même les moules qui servaient à couler ce métal, avec des poteries où se révèle déjà quelque recherche du style et de l'ornementation.

Pour trouver d'autres vestiges nombreux de l'âge de bronze, il faut explorer ce qu'on a nommé *les habitations lacustres* des lacs de la Suisse. C'est en 1854 qu'on signala pour la première fois, à Meilen, sur le lac de Zurich, d'anciens pilotis autour desquels gisaient des ustensiles divers de bronze et de pierre. Pendant les hivers de 1858 et de 1859, les eaux de ce lac étant restées très basses, on rechercha avec beaucoup de soin les objets disséminés autour des vieux pilotis. Ces découvertes se multiplièrent tellement qu'on fut forcé d'en conclure que des peuplades ou des familles amphibies s'étaient jadis bâti des cabanes sur des pieux, à une petite distance du rivage, soit pour s'isoler et se défendre contre leurs ennemis, soit pour éviter l'attaque des bêtes sauvages répandues en grand nombre au pied des Alpes.

Comme les lacs du versant suisse des Alpes, ceux du versant italien ont conservé des traces de ces habitations anciennes. M.

Gastaldi a publié récemment à Turin un beau travail sur les stations lacustres du nord de l'Italie. C'est sans doute des Étrusques que les habitants des lacs alpins avaient appris l'art de fondre le bronze et de faire de la poterie non vernissée ; c'est en effet à la période dite de bronze que se rapportent la plupart de ces établissements. Il en est très peu où l'on ait retrouvé des armes ou des ornements en fer, et les habitudes amphibies des populations anciennes des Alpes ne paraissent pas avoir survécu longtemps à l'introduction de ce métal.

Pendant l'âge de bronze, de petits villages étaient semés à fleur d'eau sur tous les lacs : on en a retrouvé douze sur le lac de Neufchâtel, vingt sur le lac de Genève, dix sur le lac de Bienne. Les ornements découverts dans ces stations depuis si longtemps abandonnées ne diffèrent pas de ceux qui ont été enfouis dans les tourbes du Danemark ; ce sont les monuments d'une civilisation très grossière et très uniforme répandue dans presque toute l'Europe.

Si nous faisons un pas de plus dans le passé, nous arrivons à la période dite *de pierre*, pendant laquelle les hommes ne connaissaient pas encore l'usage des métaux. Tout donne à penser que l'enfance de notre espèce a été d'une extrême longueur : on a dédoublé la période de pierre en deux âges, le plus récent ou celui de la *pierre polie*, le plus ancien ou celui de la *pierre ébauchée* ou simplement taillée. Durant la dernière de ces deux époques, les peuplades de la Suisse construisaient déjà des cabanes sur les lacs alpins ; près de Berne, les habitants du petit lac de Moosseedorf avaient des instruments en pierre, en corne et en os. Ils polissaient des haches et des coins en silex et en jade, et possédaient de l'ambre, qui sans doute leur était apporté des bords de la mer Baltique. À Wangen, sur le lac de Constance, était un village d'au moins mille habitants, bâti sur plus de quarante mille pilotis ; on y employait des armes et des ustensiles en serpentine, en diorite et en quartz ; on savait feutrer grossièrement le chanvre, on cultivait jusqu'à trois céréales, et l'on avait déjà réduit à la domesticité le chien, le bœuf, le mouton et la chèvre.

Autour des pilotis de l'âge de pierre reste une innombrable quantité d'ossements qui ont servi à en reconstituer la faune. Le professeur Rütimeyer de Bâle s'est acquitté en 1862 de cette tâche avec un soin digne des plus grands éloges. Il a montré que la faune de l'âge de pierre ne différait pas de celle que plus tard Jules César trouva dans la Gaule ; avec vingt-huit espèces de mammifères aujourd'hui, encore répandus dans nos latitudes, elle comprenait le bœuf sauvage (*bos primigenius*), cet animal que César dépeint comme si agile, si farouche et d'une taille si colossale, l'aurochs, qu'un caprice des empereurs de Russie conserve encore dans les vastes forêts lithuaniennes, et l'élan, qui a émigré vers des latitudes polaires. Le peuple qui habitait la Suisse pendant l'âge de pierre avait déjà, je l'ai dit, plusieurs animaux domestiques, le bœuf, la chèvre, le mouton et le chien ; bien qu'adonné à certaines occupations agricoles, il vivait principalement de chasse, et le renard paraît avoir été un de ses gibiers favoris. En revanche, on trouve peu de restes de lièvres autour de ses habitations ; cet animal était peut-être dès lors protégé par une superstition que César trouva encore vivante parmi les habitants de la Grande-Bretagne. Les os des ours, des cerfs, du bœuf sauvage, du chevreuil, du chamois, recueillis autour des anciens pilotis, sont tous brisés ; les chasseurs en suçaient sans doute la moelle, et l'on se demande avec surprise comment seuls ou avec des chiens de petite taille, à pied, car le cheval ne fut apprivoisé que pendant la période de bronze, armés de simples pierres, ils pouvaient venir à bout d'animaux aussi redoutables ou aussi agiles.

L'âge de la pierre polie a également laissé une trace dans les tourbes du Danemark. Des tribus de pêcheurs vivaient sur les côtes de la Baltique, et rejetaient les coquilles des mollusques qui leur servaient de nourriture sur des tas que le temps a respectés (*kjökken-mödding*) [1]. Dans quelques-unes de ces accumulations, qui ont de trois à dix pieds de hauteur et qui couvrent parfois des espaces immenses, on a trouvé des couteaux et des coins de silex. Le bœuf sauvage parcourait les plaines danoises comme les régions alpines ; le castor y vivait encore avec le pingouin, maintenant disparu de l'Europe et relégué au Groenland ; le phoque venait aussi s'ébattre sur ces côtes, qu'il a depuis longtemps abandonnées. Les naturels de cette triste région étaient plus barbares que ceux des latitudes plus méridionales, car ils n'avaient d'autre animal domestique qu'un petit chien. À en juger par la forme des crânes humains trouvés dans les tourbes et près des tas de coquilles, la

---

[1] Voyez sur les fouilles entreprises en Danemark la *Revue* du 1er novembre 1862.

race qui habitait alors les rivages de la Baltique était petite ; par la rondeur de la tête, les arcades sourcilières proéminentes, elle rappelle tout à fait les Lapons d'aujourd'hui.

La nuit des âges barbares régnait d'un bout à l'autre de l'Europe pendant l'époque de la pierre polie ; mais cette nuit devient bien plus épaisse quand on pénètre dans l'âge antérieur durant lequel l'homme ne donnait encore à aucun de ses ouvrages une forme achevée, et n'avait d'autres instruments que des silex grossièrement taillés, des esquilles tranchantes et ébréchées. Il faut se séparer ici de l'archéologie et prendre la géologie pour guide. Elle nous amène au milieu d'une faune bien différente de celle des âges qui ont suivi ; elle nous montre deux espèces de rhinocéros se baignant dans les fleuves de la France et de l'Angleterre, des troupeaux d'éléphants errant dans nos latitudes avec le bœuf sauvage, avec des cerfs et des chevaux d'espèce aujourd'hui inconnue ; elle pénètre dans les cavernes, et y découvre des tigres, des hyènes, des ours différents de ceux qui vivent aujourd'hui : nous entrons dans le monde qu'on est convenu de nommer antédiluvien.

Dans cette période, si obscure et si éloignée qu'elle soit, la paléontologie a pourtant cherché à tracer quelques limites chronologiques. Un savant français, M. Lartet, considéré aujourd'hui à bon droit dans notre pays comme la première autorité en matière d'anatomie comparée, y distingue quatre ères différentes. Pendant celle qui se rapproche le plus de nous, l'aurochs lithuanien vivait encore en France ; M. Lartet en a signalé des restes trouvés dans la caverne de Massat (département de l'Ariège), avec des flèches, une sorte d'épingle grossière faite d'un os d'oiseau, une corne de cerf sur laquelle une main inhabile a gravé une tête d'ours. Au pied des Pyrénées, M. Lartet a trouvé récemment à Aurignac (département de la Haute-Garonne) une sépulture d'hommes primitifs : une dalle de pierre, cachée par des éboulis, servait de porte à une chambre ouverte dans le roc, où l'on trouva entassés dix-sept squelettes humains. Malheureusement ces restes précieux ont été perdus pour la science : on les a déposés au cimetière d'Aurignac, et M. Lartet n'a pas été assez heureux pour les retrouver. Il a fait des fouilles dans la grotte, et devant la porte il a trouvé une couche assez épaisse de cendre et de charbon avec beaucoup d'ossements et une centaine d'objets en silex. Parmi les ossements, le savant anatomiste a reconnu ceux de neuf animaux carnivores et de dix herbivores, chiens, hyènes, éléphants, rhinocéros, cheval, cerf, aurochs, etc. On peut croire, avec M. Lartet, que les dix-sept morts avaient été déposés au fond de l'étroite caverne dans la posture d'hommes assis, qu'un repas funéraire avait eu lieu en leur honneur devant la porte, et que plus tard des hyènes étaient venues ronger les restes du repas.

À une époque antérieure à l'ère de l'aurochs, le renne habitait encore nos latitudes ; ses ossements ont été retrouvés en abondance dans la grotte de Savigné, près Civray (département de la Vienne). Mille bois de cet animal ont été recueillis par le colonel Wood dans une caverne nommée Bosco's Den (la retraite de Bosco), dans le sud du pays de Galles (Clamorganshire). Près de Torquay, dans le Devonshire, un géologue anglais, le docteur Falconer, a également trouvé le renne dans la célèbre grotte de Brixham, très riche en silex taillés de main d'homme.

Les deux ères de l'aurochs et du renne forment en quelque sorte une transition entre les deux âges de pierre : c'est dans les graviers stratifiés de la vallée de la Somme qu'on a trouvé les restes les plus nombreux de la période de la pierre ébauchée. Cette découverte est due à M. Boucher de Perthes. Dès 1847, dans un ouvrage intitulé *Antiquités antédiluviennes*, M. de Perthes avait décrit de nombreux silex recueillis aux environs d'Amiens et d'Abbeville, et différant des haches celtiques en ce qu'ils n'ont reçu qu'une taille grossière et ne sont point polis. La découverte de M. Boucher de Perthes fut accueillie au début par l'indifférence ou l'incrédulité. Les silex dégrossis avaient-ils été recueillis en place par M. Boucher de Perthes ? Se trouvaient-ils vraiment mélangés au terrain diluvien proprement dit, au milieu des ossements d'éléphants et de rhinocéros fossiles ? Le diluvium, sur les points qu'on avait fouillés, n'avait-il pas subi un remaniement par suite de quelques inondations modernes ? Comment n'avait-on trouvé aucun ossement humain parmi tant de débris d'industrie humaine ? Pourquoi les silex taillés se trouvaient-ils accumulés en quelques points seulement ? Toutes ces questions devaient naturellement se poser.

Sir Charles Lyell, toujours en quête de toutes les nouveautés géologiques, se rendit lui-même en Picardie, accompagné d'un autre géologue anglais, M. Prestwich, afin de constater la position précise des pierres taillées. Il fut converti à l'opinion de M. Boucher de Perthes, ainsi que son compagnon de voyage. M. Albert Gaudry, dont la *Revue* connaît les travaux, fit aussi des fouilles à Saint-Acheul, et détacha lui-même, à une profondeur de 4 mètres environ, plusieurs haches dans le voisinage desquelles il recueillit des dents de cheval et de bœuf. Depuis cette époque, M. Prestwich a cherché à démontrer que la France n'a pas le privilège des haches antédiluviennes. Les explorateurs se sont mis partout en campagne. Citerai-je tous les endroits où l'on a trouvé des armes primitives : la vallée de la Lark dans le Suffolk, la vallée de l'Ouse dans le Bedfordshire, le Kent, le Surrey, le Middlesex ? Il ne faudrait point décourager le zèle qui s'attache à la recherche de ces précieux débris ; toutefois un grand nombre n'ont été recueillis que dans des dépôts tout à fait superficiels. Pour établir la contemporanéité de l'homme avec les mammifères éteints, il faut que les restes de son art primitif puissent être trouvés *in situ*, mêlés aux ossements de ces animaux, dans un terrain vierge. La multiplicité des silex taillés trouvés en dehors de semblables gisements serait bien plus propre à infirmer qu'à fortifier les inductions fondées sur la première découverte de ces instruments.

Les plus sceptiques admettent aujourd'hui que les silex recueillis en si grand nombre par M. Boucher de Perthes doivent leur forme et leur tranchant à une main humaine : les ouvriers ont fait eux-mêmes un grand nombre de ces *langues de chat* pour les vendre aux géologues ; mais les silex authentiques ont, comme les vieilles médailles, la patine du temps, et beaucoup sont couverts de dendrites ferrugineuses, ramifications délicates que les infiltrations lentes peuvent seules produire. Néanmoins, tout en reconnaissant la vraie nature de ces silex, que ne reste-t-il pas à dire pour en contester l'ancienneté géologique ? Comment expliquer que tant de silex, on les compte par milliers, aient été trouvés au même point dans la vallée de la Somme ? Voici ce que sir Charles Lyell hasarde à ce sujet : « supposons qu'à l'époque où les haches furent enfouies en si grand nombre dans les graviers qui forment maintenant la terrasse de Saint-Acheul, la rivière principale et ses tributaires fussent gelés pendant plusieurs mois de l'hiver. Dans ce cas, le peuple primitif a pu, comme l'insinue M.

Auguste Laugel

Prestwich, ressembler dans ses habitudes aux Indiens d'Amérique qui habitent maintenant la contrée située entre la baie d'Hudson et la mer polaire. Quand le renne et le gibier deviennent rares, ils pêchent dans les rivières, et dans cette intention comme aussi pour obtenir de l'eau potable, ils font toujours des trous circulaires dans la glace, par où ils jettent leurs hameçons ou leurs filets. Souvent ils mettent leur tente sur la glace et y pratiquent des ouvertures avec des ciseaux de métal, quand ils peuvent obtenir du cuivre ou du fer, et à défaut de ciseaux avec des instruments en silex. » Les amas actuels de silex indiqueraient ainsi d'anciennes stations de pêche.

M. Scipion Gras, ingénieur des mines, qui ne croit pas à l'origine antédiluvienne des haches taillées, a fait une autre hypothèse pour expliquer l'accumulation des haches taillées. « Plaçons, dit-il, à l'origine des temps historiques la fabrication des haches que tout annonce avoir eu lieu autrefois dans la vallée de la Somme. Il est certain que les hommes occupés à ce travail n'ont pas été obligés d'aller bien loin pour se procurer la matière première qui leur était nécessaire. En creusant dans le sol à une médiocre profondeur, ils ont trouvé un grand choix de silex tout prêts à être taillés. L'exploitation pouvait se faire de deux manières : par puits et par galeries. L'exploitation par galeries horizontales, ouvertes sur le flanc de la vallée, en profitant des escarpements, était évidemment préférable. Le creusement de ces anciennes galeries est si peu invraisemblable, qu'aujourd'hui encore on le pratique pour l'extraction du gravier. Les silex fraîchement extraits et non privés de leur eau de carrière sont bien plus faciles à travailler que ceux dont la dessiccation est avancée. Il est probable par conséquent que les anciens exploitant ébauchaient, dans l'intérieur même de leurs galeries, les haches destinées à être polies. Après ce premier travail, on faisait sans doute un triage ; les pièces les plus informes étaient rejetées et laissées sur place. Lorsqu'à la longue les galeries qui avaient servi à la fois d'ateliers d'exploitation et d'ébauchage se sont éboulées, les silex dégrossis, abandonnés sur le sol, ont été enveloppés de tous côtés par le terrain d'où ils avaient été extraits [1]. »

D'autres géologues vont jusqu'à nier que les silex taillés se trouvent dans un terrain diluvien vierge, et considèrent ces dépôts

---

1 *Comptes rendus de l'Académie des Sciences*, t. LTV, p. 1126.

superficiels d'où on les extrait comme remaniés par les eaux ; je citerai dans le nombre M. Élie de Beaumont, M. Eugène Robert, M. de Benigsen-Forder. Après le phénomène qui a ouvert les grands sillons de nos vallées, le régime des fleuves n'a pas été immédiatement régularisé. Les eaux n'ont pas été tout de suite resserrées entre des berges étroites ; elles ont rempli sans doute une série de grands lacs étagés les uns au-dessus des autres ; ces lacs ont plus tard été drainés, tantôt graduellement, tantôt subitement, et l'on peut imaginer ainsi que les premiers dépôts diluviens aient subi des remaniements nombreux et considérables. Je n'étonnerai d'ailleurs aucun géologue en disant que de tous les terrains, c'est le plus récent, le plus rapproché de nous dont l'histoire demeure cependant la plus obscure.

Le peuple primitif qui vivait dans le nord de la France et en Angleterre a laissé ailleurs des traces de son séjour dans un grand nombre de cavernes. Tandis qu'on n'a jamais vu d'ossements humains dans les graviers des vallées, on a été assez heureux pour en découvrir dans les profondeurs qui ont servi d'ossuaire à tant d'animaux. Dès 1828, M. Tournal avait trouvé des os humains, mêlés à ceux d'espèces éteintes, dans la grotte de Bize (département de l'Aude) ; l'année suivante, M. Christol fit une découverte semblable à Gondres, près de Nîmes. Ces explorateurs en conclurent que l'homme avait été le contemporain du rhinocéros, de l'hyène, de l'ours, et d'autres animaux antédiluviens, aussi bien que du renne et de l'aurochs. Cette opinion, qui pouvait alors passer pour très hardie, fut combattue par M. Desnoyers, le savant bibliothécaire du Muséum. Suivant lui, les haches et les flèches en silex, les os épointés, les grossières poteries des cavernes françaises ou anglaisés, ressemblent tout à fait à ceux qu'on trouve sous les tumuli et sous les dolmens des habitants primitifs de la Gaule, de la Grande-Bretagne et de la Germanie. Les ossements humains, dans les cavernes où ils sont réunis à ces objets, ne peuvent donc appartenir à des périodes antédiluviennes, mais à un peuple qui était au même état de civilisation que celui qui construisait les tumuli et les autels de pierre. À cette époque, la distinction n'avait, on le voit, pas encore été établie entre les silex polis et les haches simplement ébauchées.

En 1833, le docteur Schmerling, de Liège, fouilla avec une patience assidue toutes les cavernes des environs de Liège. À Engis, il eut la bonne fortune de découvrir plusieurs crânes humains, dont l'un est entier et a pu être conservé dans le musée de l'université ; ce spécimen précieux, qui ne diffère pas beaucoup des crânes européens modernes, fut ramassé dans une brèche stalagmiteuse contenant des dents de rhinocéros, de cheval, de renne et des débris de ruminants fossiles. Dans toutes les cavernes de la vallée de la Meuse, M. Schmerling trouva des armes, des ustensiles en silex et en os. Il n'hésita pas à admettre la contemporanéité de l'homme et de la faune antédiluvienne ; mais il ne put faire partager à personne son ardente conviction.

Depuis cette époque, on a fait dans les ossuaires des cavernes la découverte d'un squelette humain entier ; il a été trouvé en 1857 dans le Neanderthal, près Dusseldorf, par le professeur Fuhlrott. La forme du crâne est si extraordinaire que les savants allemands réunis à Bonn en 1857 doutèrent d'abord qu'il pût appartenir à un homme, et furent disposés à l'attribuer à un singe. Cependant le professeur Schaffhausen a levé à cet égard toutes les incertitudes ; il a déclaré que le squelette était celui d'un homme dont le développement cérébral était très faible, et qui était doué d'une force musculaire très remarquable. Ces affirmations sont d'accord avec celles de M. Huxley, qui a étudié avec beaucoup de soin le crâne du Neanderthal. On trouverait facilement en Europe aujourd'hui des crânes à peu près semblables à celui d'Engis ; mais celui des environs de Dusseldorf se rapproche beaucoup des crânes du gorille et du chimpanzé par ses énormes arcades sourcilières, par sa faible hauteur verticale et par la forme de la région occipitale. Certains anatomistes seraient disposés à y voir la preuve de l'existence d'une race intermédiaire entre les hommes actuels et les grands singes anthropoïdes ; mais l'examen d'une tête unique ne peut, ce semble, servir de base à une théorie de ce genre : il faudrait posséder des séries nombreuses de têtes, suivre les dégradations de forme depuis les belles lignes du type caucasique jusqu'aux contours où s'imprime la trace d'une complète bestialité. Les crânes ont leurs monstruosités individuelles ; souvent la maladie les altère, et certains sauvages les déforment eux-mêmes chez leurs enfants. Il ne faudrait donc point tirer d'un cas isolé des conclusions trop absolues ; néanmoins on ne peut se refuser à considérer le crâne du

Neanderthal comme un des monuments les plus précieux des âges passés. Il n'est pas étonnant que le crâne d'Engis se rapproche de la forme caucasique, puisqu'on a trouvé avec lui des ossements de renne, et que l'ère du renne se rattache d'assez près à la période de la pierre polie. Quant au crâne du Neanderthal, il y a lieu de croire qu'il lui est bien antérieur ; mais, comme on ne l'a trouvé associé à aucun reste fossile, son âge demeure encore incertain.

L'étude de la faune des cavernes peut-elle nous donner l'assurance que l'homme a vraiment été le contemporain des grands animaux parmi les os desquels se retrouvent, avec ses propres ossements, les débris de sa primitive industrie ? Peut-on croire que l'homme ait choisi pour sa demeure les fétides repaires des hyènes, des tigres et des ours ? Les dépôts des cavernes n'ont-ils jamais été remaniés par les eaux sorties des fissures de leur toit ? Ces remaniements n'ont-ils pu avoir lieu à de très grandes profondeurs avant le dépôt des stalagmites, qui servent en quelque sorte de linceul aux ossements semés dans les limons ? La découverte de l'homme fossile ne repose en résumé que sur des preuves qui ne sont pas encore universellement admises ; les seuls monuments de l'âge lointain auquel on fait remonter l'origine de notre espèce sont jusqu'ici les crânes d'Engis et du Neanderthal, quelques ossements humains, ces milliers de silex retrouvés dans les vallées et les cavernes, quelques ossements d'animaux façonnés par la main humaine. Le gisement de ces objets est malheureusement tel qu'on n'en peut fixer l'âge géologique avec une sécurité et une précision absolues. L'avenir dissipera sans doute ces incertitudes : qui sait si l'on n'extraira pas quelque jour des restes humains d'un terrain antérieur même au terrain diluvien ? Du temps de Cuvier, on n'avait pas encore rencontré de singes fossiles ; on en connaît aujourd'hui onze espèces : deux dans l'Amérique du Sud, trois en Asie, six en Europe. M. Albert Gaudry, dans les fouilles qu'il a fait exécuter à Pikermi, en Grèce, a trouvé jusqu'à vingt têtes de singes. Il a pu reconstituer entièrement le squelette du mésopithèque du Pentélique, et lui donner une place dans cette curieuse faune de l'Attique qu'il a fait connaître au monde savant.

Si l'antiquité géologique de l'homme rencontre encore des incrédules, l'ancienneté absolue de notre espèce devient de moins en moins contestable. Sir Charles Lyell s'est appliqué, dans son intéressant ouvrage, à en accumuler les preuves. On ne peut, ce me semble, que partager son avis quand il fait comprendre combien a dû être longue la période de pierre. Les monuments de cet âge lointain nous semblent presque uniformes ; « mais, dit-il avec raison, il a pu y avoir divers degrés dans l'art de fabriquer les instruments en silex pendant la première période de pierre, sans que nous puissions facilement en découvrir les traces, et des tribus contemporaines ont pu être à cet égard en avance les unes sur les autres. Les chasseurs par exemple qui mangeaient du rhinocéros et qui enterraient leurs morts avec des rites funéraires à Aurignac ont pu être moins barbares que les sauvages de Saint-Acheul, comme l'indiqueraient quelques-unes de leurs armes et certains de leurs ustensiles. Pour l'Européen qui regarde du haut de sa grandeur les produits de l'humble art des aborigènes de tous les temps et de tous les pays, les couteaux et les flèches de l'Indien peau rouge de l'Amérique du Nord, les haches du natif australien, les instruments trouvés dans les anciennes habitations des lacs suisses, ceux des tas coquilliers du Danemark ou de Saint-Acheul, tous ces objets semblent également grossiers, et le caractère général en paraît uniforme. La lenteur du progrès des arts de la vie sauvage est prouvée par ce fait, que les premiers instruments de bronze furent fondus sur le modèle des instruments de pierre de l'âge précédent, bien que de semblables formes n'eussent pas été choisies naturellement, si l'on avait connu les métaux avant la pierre. La résistance des tribus sauvages aux nouvelles inventions, leur incapacité à se les assimiler se montrent bien dans l'Orient, où elles continuent à employer les instruments en pierre de leurs ancêtres, quoique de puissants empires, où l'usage des métaux était connu, aient flori pendant trois mille ans dans leur voisinage. »

L'espèce humaine nous montre dans son état actuel quelque chose de semblable à ce qu'observe la paléontologie dans le spectacle général de la nature : à côté des formes les plus parfaites se sont conservées les formes les plus rudimentaires, les plus humbles, déjà en existence dès que la vie essaya ses forces à la surface de notre planète. De même, à côté de tant de grandes civilisations, nous retrouvons éparses des agrégations humaines, retardées dans l'ignorance et la grossièreté des premiers âges. Les tribus les plus dégradées ne nous rendent pourtant pas, on peut l'affirmer, l'image de l'homme primitif luttant avec des pierres contre les monstres qui lui disputaient l'empire de la terre : l'imagination seule peut nous ramener à cet âge herculéen dont les premières phases ont sans doute précédé la création du langage, et nous montrent l'humanité à peine dégagée encore des puissantes étreintes de l'animalité.

Section II

Si, par la doctrine de la transformation des espèces, il était possible d'établir une parenté, une filiation certaine entre tous les êtres de la création, la question de l'ancienneté de l'homme recevrait ainsi une solution indirecte, et la zoologie suppléerait, sur ce point capital, à l'impuissance de la géologie. Aussi n'y a-t-il pas lieu de s'étonner que sir Charles Lyell, bien qu'à ses yeux les preuves invoquées dans la première partie de cette étude aient toute la rigueur d'une démonstration, ait cherché à corroborer sa thèse en appuyant, par des arguments très ingénieux, la théorie de M. Charles Darwin. Au premier abord, il semble que son ouvrage, *l'Antiquité de l'Homme*, manque d'unité : toute la seconde moitié est consacrée à la botanique, à la zoologie générales ; mais ce défaut d'unité n'est qu'apparent : il est encore question de l'homme, quand même on ne prononce plus son nom. La loi qui relie les plus humbles termes de la série animale ou végétale en rattache aussi les termes les plus élevés. Si le temps seul a été nécessaire pour que les plantes des anciens continents devinssent, par une série de métamorphoses, les plantes de nos jardins et de nos forêts, le temps a aussi été pour quelque chose dans la formation de l'homme. Si l'on admet une intervention spéciale et particulière de la force créatrice pour expliquer l'apparition de ces myriades d'êtres variés qui, depuis les premiers âges géologiques jusqu'au temps présent, se sont succédé sur le globe, on peut logiquement penser que l'homme est un ouvrage complet, indépendant, sans lien avec le passé, que son apparition, comme celle de toute chose vivante, a été l'effet spontané, subit, d'une puissance supérieure à nos investigations. C'est là, il est à peine nécessaire de le dire, la croyance à laquelle la tradition nous a accoutumés, c'est dans cet esprit que l'on a interprété le mythe *biblique* d'une statue de

Auguste Laugel

limon, animée par un souffle divin ; c'est également dans le sens littéral que l'on s'est habitué à comprendre les passages relatifs à la création de la femme : au lieu d'y voir une expression symbolique de l'unité des natures masculine et féminine, reflet et complément l'une de l'autre, on s'est arrêté à une image touchante et poétique, l'un des tableaux familiers de ce drame qui commence à la création de l'homme et qui finit avec la chute.

L'inspiration des âges primitifs n'avait rien à mettre entre le créateur et la créature ; mais la science a placé entre eux une foule de causes secondes et en a sans cesse agrandi la part et l'action. Il n'est plus conforme à nos idées modernes de voir dans chaque événement une sorte d'intervention immédiate de la force divine ; tonnerres, tempêtes, inondations, pestes, tous ces phénomènes sont réglés par des lois qui demeurent sans cesse en action ; il n'y a aucune différence pour le physicien entre la petite étincelle qu'il fait jaillir à volonté dans ses appareils et la foudre qui traverse et illumine les cieux. La philosophie naturelle a donné à notre époque une conception du monde supérieure à celle de l'antiquité ; elle ne considère plus la nature matérielle comme le jouet de vains caprices, l'histoire comme un duel inégal entre Dieu et l'homme ; elle embrasse le passé, le présent et l'avenir dans une puissante synthèse en dehors de laquelle rien ne peut rester isolé.

Une théorie qui rattacherait les unes aux autres, par des lois naturelles, toutes les espèces animales, serait donc beaucoup plus conforme à l'esprit de la science moderne que celle qui les isole, et qui réclame, pour rendre compte de leur apparition successive, autant de créations nouvelles. À quoi d'ailleurs fait-on tenir l'exercice ou l'inertie de cette toute-puissance qu'on invoque avec une complaisance si facile ? Des botanistes examinent deux plantes : les uns déclarent qu'elles sont les variétés d'une même espèce, les autres qu'elles constituent deux espèces différentes. Variétés, on les considère comme reliées par les lois ordinaires du monde végétal, lois éternelles, toujours en action, qui règlent la croissance de la moindre graminée comme celle des arbres les plus majestueux, qui ont été en activité dans les forêts de l'époque houillère comme dans celles de notre temps. Espèces, on les séparera par une ligne inflexible, par un acte souverain de la toute-puissance, qui aurait à une certaine heure, dans un certain lieu, fait surgir spontanément quelques caractères nouveaux que l'analyse la plus délicate a souvent peine à saisir. Il n'est pas étonnant que les botanistes aient accueilli avec complaisance les idées de M. Charles Darwin sur la filiation des formes organiques. Voici comment s'exprime à ce sujet le docteur Hooker, le savant directeur des jardins botaniques de Kew, dans son *Introduction à la Description de la Flore australienne* : « Les relations mutuelles des plantes de chaque grande province botanique, et en fait du monde entier, sont exactement ce qu'elles seraient, si la variation avait continué pendant des périodes indéfinies à s'opérer de la façon dont nous la voyons agir pendant un nombre délimité de siècles, de façon à donner graduellement naissance aux formes les plus divergentes. » M. de Candolle, une autre autorité en ces matières, a, dans un travail récent sur l'espèce,[1] parlé avec beaucoup de faveur des théories de M. Darwin, sans les admettre toutefois dans leur entier. Un des passages de cette étude renferme une attaque très résolue contre les partisans des créations directes. « La probabilité de la théorie de l'évolution devrait frapper surtout les hommes qui ne croient pas à la génération spontanée et ceux qui répugnent à l'idée d'une force créatrice, aveugle ou capricieuse, ayant donné aux mammifères du sexe masculin des mamelles rudimentaires inutiles, à quelques oiseaux des ailes qui ne peuvent servir à voler, à l'abeille un dard qui la fait mourir, si elle l'emploie pour sa défense, au pavot et à plusieurs campanules dont la capsule est dressée une déhiscence de cette capsule vers le sommet qui rend sa dissémination difficile, aux graines stériles de beaucoup de composées une aigrette, et aux graines fertiles point d'aigrette, ou souvent une aigrette qui se sépare de la graine, au lieu de la transporter. Toutes ces singularités, tranchons le mot, ces défauts, répugnent et embarrassent dans la théorie d'une création directe des formes telles que nous les voyons, ou telles qu'on les a vues à l'époque du trias ou du terrain miocène ; mais il en est autrement dans le système de l'évolution. Ces inutilités ou ces défectuosités, d'organisation seraient pour chaque être un héritage d'aïeux à qui elles profitaient, dans des conditions d'organisation plus ou moins différentes, avec des ennemis différents ou des conditions physiques d'une autre nature. L'héritage est-il devenu inutile ou

1 *Étude sur l'espèce, à l'occasion d'une révision de la famille des capulifères,* par M. Alph. de Candolle.

Auguste Laugel

même nuisible, les espèces s'éteignent. Leur organisation primitive les a fait prospérer autrefois, elle les fait décliner aujourd'hui, et finalement s'éteindre, de même que certaines grandes qualités d'un peuple ou certains avantages naturels qui le faisaient prospérer jadis lui deviennent quelquefois inutiles, même nuisibles, au point de le faire périr. Les anomalies rentrent alors dans une grande loi, et je trouve naturel que des hommes fort éloignés des idées matérialistes, ayant même une tendance prononcée vers d'autres opinions, préfèrent la doctrine de l'évolution, et s'attachent plus ou moins aux doctrines ou aux études par lesquelles on s'efforce de la démontrer. »

Si l'on admet la théorie de la transformation ou de l'évolution des espèces, quelles conséquences faut-il en tirer en ce qui concerne l'homme ? C'est à ce point qu'il faut revenir. Une loi qui embrasse toute la nature animée peut-elle expirer en quelque sorte à ses pieds ? Mais, d'autre part, s'il est, comme tout le reste, soumis à son empire, quelles sont donc les espèces qui sont les aïeules de la nôtre ? Où nous faut-il chercher ces êtres dont la chair est notre chair, dont le sang est notre sang ? La zoologie ne peut nous laisser aucune incertitude à cet égard ; elle nous montre du doigt ces êtres que Linné au XVIIIe siècle nommait anthropomorphes ou primates, et que Cuvier appela les quadrumanes. Ah ! si l'on venait nous dire qu'une filiation obscure rattache ces êtres au pauvre nègre du Congo, aux sujets féroces du roi de Dahomey, aux Fans cannibales qui ouvrent des boucheries de chair humaine, aux maigres et hideux Australiens ; si l'on ajoutait que ces populations si dégradées n'ont sans doute pas avec les singes anthropoïdes modernes une parenté directe, mais que les races inférieures et les espèces actuelles de quadrumanes représentent en quelque sorte les extrémités de deux branches qui ont été sans cesse en divergeant depuis des périodes géologiques assez anciennes, nous nous consolerions sans doute assez facilement de ces déclarations de la science ; mais dès qu'il s'agit de nous-mêmes, notre orgueil met ses jugements en suspicion. Le *moi* se révolte, il ne raisonne pas, il repousse toutes ces chaînes dont on veut le charger ; il rejette ces solidarités accablantes ; il lui est si facile, il lui est si doux de s'isoler, et, quand le monde l'écrase, ne peut-il refaire le monde dans sa pensée ? Aussi n'est-ce pas sans précautions que M. Huxley aborde

Section II

la comparaison de l'homme et des singes anthropoïdes. « Essayons un moment, dit-il, d'ôter le masque de l'humanité ; nous serons des savans saturniens, si vous voulez, assez familiers avec les animaux qui habitent aujourd'hui la terre, et occupés à discuter les rapports qui unissent ces animaux à un étrange et nouveau « bipède droit et sans plumes » que quelque voyageur entreprenant, surmontant les difficultés de l'espace et de la gravité, aurait apporté de la distante planète pour notre *inspection*. » C'est, on le voit, l'homme physique, le cadavre, non l'être moral et intellectuel dont s'empare l'anatomie comparée. Elle le range d'abord à première vue parmi les vertébrés mammifères, puis le classe, d'après la forme de la mâchoire inférieure, des dents molaires et du crâne, parmi les mammifères placentaires, c'est-à-dire parmi ceux qui pendant la période de gestation sont nourris par l'intermédiaire d'un placenta ; enfin elle le rapproche de l'ordre des singes, en se demandant si elle doit l'y placer, ou créer en son honneur et à côté d'eux un ordre nouveau.

Ici la discussion se resserre sur un terrain bien étroit : dans l'ensemble de son organisation, l'homme se rapproche surtout des gibbons, des orangs, des chimpanzés et des gorilles, et particulièrement de ces deux derniers grands singes africains. Depuis fort longtemps, on connaît le chimpanzé, l'on a pu étudier ses mœurs, et il n'est personne qui n'ait eu occasion d'en voir dans les musées zoologiques ou les ménageries. Le gorille, au contraire, n'est entré que depuis quelques années seulement dans les cadres de la zoologie : Hannon en avait pourtant déjà parlé dans son *Périple* ; mais, après lui, il faut aller jusqu'au XVIe siècle pour trouver une mention nouvelle de cet étrange animal dans les récits d'un soldat anglais nommé Battel. Au commencement du siècle actuel, un capitaine anglais, Bowditch, raconta les confidences qu'il reçut au sujet des gorilles, et jusqu'à 1847 on en fut réduit à ces récits suspects. À cette époque, le docteur Wilson, missionnaire américain, fournit à M. Thomas Savage et à M. Jeffries Wyman, professeur d'anatomie comparée à l'université de Cambridge, aux États-Unis, les éléments d'un travail scientifique, relatif à l'ostéologie du grand singe du Gabon. M. Savage lui donna le nom de gorille, emprunté au récit d'Hannon, en décrivit les caractères, et M. Wyman fit connaître la tête osseuse du mâle et de la femelle, en s'attachant à faire ressortir les différences qui séparent le gorille du chimpanzé. Ces belles études furent bientôt complétées par plusieurs mémoires de M. Richard Owen, qui chercha à établir la hiérarchie et les relations mutuelles des grands singes anthropoïdes. Jusque-là, l'histoire anatomique du gorille était réduite à son ostéologie ; elle fut complétée en 1836 par une belle monographie de M. Duvernoy, alors professeur au Muséum d'histoire naturelle, et on peut s'étonner à bon droit que ce remarquable travail ne soit même pas mentionné dans l'ouvrage récent de M. Huxley. Suivant M, Duvernoy, les grands singes anthropoïdes se distingueraient de l'homme par des caractères physiques très essentiels. En premier lieu, la colonne vertébrale ne forme chez ces animaux qu'un seul ressort, au lieu d'être infléchie en sens divers, sous forme d'S, comme chez l'homme. M. Duvernoy concluait de là que ces grands singes, essentiellement arboricoles, bien que capables de se tenir debout, étaient cependant conformés pour marcher ordinairement à quatre pattes. En second lieu, la forme des extrémités indique que ces animaux ne sont pas faits pour vivre habituellement sur le sol, mais sur les branches des arbres. Enfin leur cerveau est beaucoup moins développé que celui de l'homme. La capacité d'un crâne humain adulte est en moyenne *trois fois* plus grande que celle du gorille, du chimpanzé ou de l'orang. Cette capacité varie d'ailleurs chez l'homme jusqu'au dernier terme de la croissance : depuis l'enfance jusqu'à la fin de l'adolescence, elle s'élève de 115 à 170 centilitres. Chez les singes supérieurs au contraire, cette augmentation est très faible, ou nulle, ou, chose plus étrange, est remplacée quelquefois par une diminution. Ce rétrécissement du cerveau explique, suivant Cuvier, comment la brutalité succède chez les orangs à la douceur et à l'intelligence du jeune âge.

Quel est parmi les singes anthropoïdes et sans queue celui qui se rapproche le plus de l'homme ? M. Duvernoy n'attachait qu'une médiocre importance à cette question, tant lui semblait grande la distance entre notre espèce et le groupe des quadrumanes. Il observait cependant que le chimpanzé a une capacité crânienne plus grande que le gorille, ce qui expliquerait le contraste entre la férocité de ce dernier et l'intelligence du premier. Il est au reste très difficile d'établir une hiérarchie rigoureuse parmi les singes supérieurs : un genre peut sur un certain point se rapprocher plus qu'un autre de l'homme, mais s'en écarter davantage sur un point

Section II

différent de l'organisation. M. Wyman et Isidore-Geoffroy Saint-Hilaire ont placé le chimpanzé avant le gorille ; le professeur Owen admet au contraire la série descendante : gorille, chimpanzé, orang, gibbon. Dans ces derniers temps, la comparaison de l'homme et des singes supérieurs a été reprise, surtout au point de vue de l'anatomie du cerveau. M, Owen a signalé dans cet organe, chez l'homme, des particularités qui, suivant lui, font défaut chez les quadrumanes. « Le cerveau de l'homme, disait-il à Oxford en 1860 à la réunion de l'Association britannique, indique un progrès plus décisif et plus marqué que celui qu'on observe en passant d'une sous-classe à une autre avant d'arriver à lui. Les hémisphères cérébraux débordent le cervelet ; ce développement est particulier à l'homme ; il en est de même pour la *posterior cornu du ventricule latéral* et pour l'*hippocampus minor*, qui caractérisent le lobe postérieur de chaque hémisphère.[1] La substance grise superficielle du cerveau, en raison du nombre et de la profondeur des circonvolutions, atteint son maximum d'étendue chez l'homme. Des pouvoirs mentaux particuliers sont associés à cette forme particulière du cerveau, et par l'estimation que j'en fais je suis conduit à regarder le genre *homo* non comme le simple représentant d'un ordre distinct, mais comme appartenant à une sous-classe distincte de mammifères, pour lesquels je propose le nom de *archencephala*. »

M. Huxley protesta immédiatement contre ces conclusions et déclara que le troisième lobe n'est point caractéristique de l'homme, mais qu'on le trouve chez tous les quadrumanes supérieurs, que -chez ces animaux, comme dans notre espèce, le cerveau déborde le cervelet, qu'ils ont enfin une corne postérieure dans leurs ventricules latéraux, ainsi qu'un petit hippocampe. À

---

1   Le cerveau, on le sait, est divisé en deux moitiés nommées *hémisphères* et séparées par une cloison verticale. À la face inférieure du cerveau, on distingue dans chaque hémisphère trois *lobes* séparés entre eux par des sillons et désignés sous le nom de lobes antérieur, moyen et postérieur. Le *cervelet* est placé sous la partie postérieure du cerveau. Quand on incise le cerveau, on trouve dans l'intérieur une cavité, car la matière cérébrale n'est pas assez abondante pour remplir toute la boite crânienne. Cette cavité a la forme d'une fissure à peu près parallèle à la ligne de séparation des deux hémisphères. Elle a trois branches ou cornes, l'une dirigée en avant, l'autre en arrière, la troisième latéralement. Chez le chien, cette cavité n'a que deux branches ; la branche postérieure manque. Quant à l'*hippocampus minor*, c'est une petite éminence qui se montre dans la corne postérieure de l'homme.

la suite de cette discussion s'est engagée une polémique des plus vives qui est loin d'être encore épuisée. La, plupart des anatomistes anglais ont pris parti pour M. Huxley ; je citerai dans le nombre M. Rolleston, professeur d'anatomie à Oxford, qui a eu l'obligeance de me montrer, au musée de l'université, les cerveaux d'un grand nombre de singes ; M. Marshall, qui a publié une belle photographie d'un cerveau de chimpanzé ; M. Flower, le conservateur du musée du collège royal de chirurgie. Ces discussions, qui ont eu un très grand retentissement et où l'on a quelquefois apporté une ardeur regrettable, ont mis en relief les travaux d'un savant français trop modeste, M. Gratiolet, à qui l'on doit de bien remarquables études sur la structure du cerveau chez les mammifères. En comparant toutes les descriptions aujourd'hui connues, on peut s'assurer que la position relative du cerveau et du cervelet varie légèrement chez les quadrumanes : tantôt, le second est légèrement découvert, au moins sur une partie de son pourtour, tantôt il est à peine couvert, tantôt il l'est complètement, mais jamais la saillie n'est aussi proéminente que chez l'homme. Pour la corne postérieure, rudimentaire chez quelques singes, elle se développe davantage, chez les singes supérieurs, sans former cependant un enfoncement aussi marqué que chez l'homme ; enfin le petit hippocampe se montre aussi plus ou moins nettement chez la plupart des singes, sans être toutefois dessiné tout à fait comme dans le ventricule humain.

Il est permis de croire qu'on a peut-être attaché trop d'importance jà ces caractères, -d'autant plus qu'on ne sait absolument rien sur le rôle fonctionnel des hippocampes et des cornes. La science est sans doute obligée souvent de se borner à constater les faits sans prétendre les expliquer, mais, pour différencier les cerveaux humains et simiens, elle peut citer des caractères d'une interprétation moins obscure. M. Gratiolet a fait remarquer que le cerveau de l'homme a un poids exceptionnel, une hauteur verticale bien supérieure à celle qu'on mesure chez les singes, enfin que les lobes frontaux ont dans notre espèce une richesse de plis et une complication qui sont sans doute en rapport avec la supériorité de notre intelligence. On peut dire aussi, que le *corps calleux*[1] est bien

---

1   Le corps calleux est une lame médullaire qui remplit la partie inférieure de la fissure profonde qui divise les deux hémisphères du cerveau.

plus étendu chez l'homme que chez les singes.

C'est également M. Gratiolet qui a reconnu que, même pendant l'état fœtal, le cerveau des hommes ne ressemble jamais complètement à celui des singes. Les plis ou circonvolutions pendant cette phase obscure de la vie n'apparaissent pas chez les uns et les autres dans un ordre identique ; l'encéphale humain diffère à toutes les époques de celui des mammifères adultes, aussi bien que de celui des mammifères en voie de développement. On en peut bien juger, grâce aux beaux dessins de l'atlas qui accompagne le deuxième volume de l'*Anatomie comparée du système nerveux*, par MM. Lauret et Gratiolet, ouvrage qui restera comme un des plus beaux monuments de la science moderne. On y peut voir, et les yeux dans cette circonstance donnent des phénomènes une idée bien plus saisissante que d'arides descriptions, que les nains eux-mêmes, ces microcéphales humains, demeurent toujours des hommes, et ne sont jamais des singes. Le simple fait que les simiens les plus gigantesques n'ont jamais un cerveau plus grand que les enfans nouveau-nés est assez éloquent ; mais l'anatomie relève bien d'autres différences. Toutes les nuances qu'elle signale méritent assurément d'être notées : les moindres détails ont de la valeur quand il s'agit de l'organe qui est l'instrument de toutes les opérations psychiques ; *nusquam magis quam in minimis tota est natura*. La véritable échelle nous manque pour mesurer les degrés de l'organisation : aussi n'est-ce qu'avec réserve qu'on peut accepter les déclarations de M. Huxley quand il affirme que l'homme diffère moins du chimpanzé et de l'orang que ces animaux eux-mêmes diffèrent des autres singes. Qu'il s'agisse d'un caractère anatomique ou d'un autre, de l'ostéologie du pied ou de la structure cérébrale, c'est toujours à cette conclusion que l'on est poussé par M. Huxley. Toutefois, s'il place l'homme et les singes au même niveau anatomique, il les sépare par l'abîme du raisonnement. Il ne faut point, suivant lui, rendre la pensée entièrement dépendante des phénomènes de l'organisation : le cerveau d'un sourd-muet, d'un idiot peut ressembler à celui d'un homme de génie ; mais l'un est comme une montre dont le grand ressort est cassé, l'autre est une montre en marche. Les deux montres sont semblables ; mais un cheveu dans une roue, un grain de rouille sur un pignon, une dent déformée, quelque chose de si imperceptible que l'œil de l'horloger

Auguste Laugel

a peine à le découvrir, arrêtera dans l'une tout mouvement. « Croyant avec Cuvier, écrit M. Huxley, que la possession du langage articulé-est le grand trait distinctif de l'homme, je trouve très facile à comprendre qu'une différence de structure à peine discernable ait pu être la cause première de la divergence incommensurable et pratiquement infinie des hommes et des singes. »

M. Gratiolet est aussi d'avis que la faculté du langage constitue le caractère spécifique de l'intelligence humaine. Les hommes à petit cerveau parlent ; aucun singe n'a jamais parlé. M. Gratiolet attache une bien plus grande importance que M. Huxley aux détails anatomiques qui distinguent les encéphales humains et simiens, puisqu'il range l'homme, avec M. Serres et M. Isidore-Geoffroy Saint-Hilaire, dans un règne à part ; mais il ne croit pouvoir mieux caractériser ce règne qu'en lui donnant le nom de *règne du verbe*. Par des exemples fort ingénieux, il montre comment la faculté du langage est indispensable au développement de la pensée. « Cette faculté, écrit-il, en délivrant l'intelligence de l'esclavage des sens, est la condition première de toutes les idées morales. L'idée du nombre elle-même n'existe que par elle. Tout nombre comprend en effet l'idée abstraite d'unité, et peut être représenté par $M + 1$, M étant le signe d'une collection définie d'unités. Or une pareille idée ne peut venir des sens, l'expérience démontrant que la plus grande valeur de M, appréciable dans une sensation immédiate, est de *deux* ou *trois* tout au plus. » Bien des expériences peuvent servir à confirmer cette assertion pour ce qui regarde les animaux : les enfants, on le sait, n'apprennent à compter qu'en apprenant à parler. Pour l'homme adulte, trois objets frappent autrement ses yeux que deux ; mais ses sens ne lui font pas distinguer dans un panier dix-neuf œufs par exemple de vingt. Le nombre n'est ni dans les sens ni dans l'imagination ; l'idée que nous en possédons suppose un langage formel.

Une analyse subtile retrouverait peut-être dans la faculté du langage la force qui nous permet de nous élever à beaucoup d'autres notions fondamentales qui servent en quelque sorte de base à tout l'édifice de l'intelligence humaine. On pourrait dire en ce cas que cette faculté *organise* la pensée, de même que la force vitale organise la matière inerte. L'origine du langage, serait-ce donc le phénomène qui a fait passer notre espèce de l'animalité, proprement dite à l'humanité ? Le langage inarticulé des brutes a-t-il pu se transformer en langage articulé par suite du développement graduel d'un organe ? La philosophie des langues, la syntaxe seraient-elles virtuellement enfermées déjà dans ces sons- qui n'expriment que les monotones appels de la joie, de la souffrance, de la terreur ? Y aurait-il chez les animaux supérieurs tout un mécanisme préparé en quelque sorte pour le raisonnement, mais tenu encore immobile par quelque frein matériel ? Les philologues s'accordent généralement à reconnaître que les langues ont été créées de toutes pièces, qu'elles ont été des œuvres spontanées, complètes, sorties de la pensée humaine aussi naturellement que la fleur sort de l'arbre. M. Renan a développé cette thèse dans son livre sur l'*Origine du Langage* avec cette hauteur de vues qui caractérise tous ses écrits. Il est singulier de voir, par des chemins si différents, la philologie et l'anatomie arriver à des points presque voisins. La première ne connaît l'homme que lorsqu'il a inventé le langage, la seconde nous donne à penser que l'homme n'a cessé d'être un singe que le jour où il a parlé. Ce n'est là qu'une hypothèse ; ce qui paraît certain à M. Huxley, c'est que les différences de structure qui nous distinguent des brutes sont moins profondes que celles qui séparent les brutes les unes des autres, et que toute théorie admise pour expliquer l'apparition ou la transformation des espèces animales doit nécessairement s'appliquer à l'homme. Parmi ces théories, celle qui lui semble la plus adaptée à l'état actuel de la science est celle de M. Charles Darwin. Hommes et singes actuels descendent donc, suivant lui, par une filiation directe, des singes fossiles que retrouve la paléontologie.

« Mais quoi ! écrit-il. De tous côtés j'entends ce cri : Nous sommes des hommes et des femmes, et non des singes perfectionnés, à jambes un peu plus longues, avec un pied plus compact et un cerveau plus grand que vos gorilles brutaux et vos chimpanzés. La faculté d'apprendre, la conscience du bien et du mal, la tendresse des affections humaines, nous élèvent au-dessus de toute véritable alliance avec les brutes, quelque étroites que soient les ressemblances qui semblent nous en rapprocher.

« A cela, je puis seulement répondre que l'exclamation serait plus juste et aurait toute mon approbation, si elle s'adressait à d'autres. Ce n'est pas moi qui cherche à fixer la dignité de l'homme sur

Auguste Laugel

son grand orteil, ou qui insinue que nous sommes perdus si nous n'avons pas d'*hippocampus minor*, Au contraire, j'ai fait de mon mieux pour dissiper ces vanités. J'ai cherché à prouver qu'aucune ligne de démarcation absolue, plus profonde que celle qui sépare les animaux qui nous succèdent immédiatement sur l'échelle hiérarchique, ne peut être tracée entre le monde animal et nous-mêmes au point de vue de l'organisation, et je puis ajouter, comme l'expression de ma croyance, que toute tentative faite pour tracer une démarcation psychique est également futile, et que déjà les plus hautes facultés d'intelligence et de sentiment commencent à germer dans les formes les plus humbles de la vie.

« Mais la croyance à l'unité d'origine de l'homme et des brutes implique-t-elle nécessairement la brutalité et la dégradation de l'homme ? Un enfant intelligent ne pourrait-il confondre par des arguments tangibles les rhétoriciens étroits qui prétendent nous imposer cette conclusion ? Serait-il vrai que le poète, le philosophe, l'artiste dont le génie glorifie son âge, est dégradé par la probabilité historique, sinon par la certitude, qu'il est le descendant direct de quelque sauvage nu et bestial, qui par l'intelligence pouvait dépasser un peu le renard et se rendre un peu plus redoutable que le tigre ? Ou faut-il qu'il aboie et se mette à quatre pattes parce qu'il a été primitivement un œuf qu'aucune méthode d'analyse ne pourrait distinguer de l'œuf d'un chien ? Le philanthrope, le saint doivent-ils renoncer à mener une noble vie parce que l'étude la plus superficielle de la nature humaine y révèle, dans ses profondeurs, les passions égoïstes et les féroces appétits du dernier quadrupède ? L'amour maternel est-il vil parce qu'une poule en fait preuve, la fidélité parce que le chien la possède ?

« Le bon sens de la masse de l'humanité répondra à ces questions sans un moment d'hésitation. Les penseurs, une fois arrachés aux influences du préjugé et de la tradition, verront dans la bassesse de notre origine là meilleure preuve de la splendeur de nos capacités, et nos progrès dans le passé nous garantiront ceux d'un plus noble avenir. »

Le ton véhément de cette défense montre jusqu'à quel point M. Huxley a la conscience que son livre soulève par beaucoup de côtés les instinctives protestations de l'esprit. On nous fait toucher du doigt les analogies de structure entre l'homme et les brutes ;

mais ce je ne sais quoi dont on parle, et qui, en dépit de tant de ressemblances, doit expliquer le contraste entre l'intelligence et l'instinct, entre la liberté et l'obéissance à des lois permanentes, on ne peut nous le montrer ; on en parle avec révérence, sans pouvoir en déterminer ni l'origine, ni la nature, ni l'action. Il n'est donc pas surprenant que certains naturalistes, au lieu de se confier à des forces inconnues, essaient de retrouver dans notre organisation même les marques de notre noblesse. Peut-être, comme le dit M. Huxley, se montrent-ils en cela moins spiritualistes que leurs adversaires ; mais leur spiritualisme est en quelque sorte plus tangible, par cela même qu'il se tient plus rapproché de la nature humaine et parle un langage que nous sommes plus aptes à comprendre. Il est un autre spiritualisme qui embrasse l'ensemble des choses créées, qui ne voit dans les métamorphoses de la nature inorganique et de la nature organisée que les développements d'une grande pensée, les actes successifs d'une même volonté. Du fond de l'infini, du haut de l'absolu, il contemple le monde avec un sentiment d'admiration profonde et s'incline avec révérence devant le plus obscur de ses phénomènes. Il cherche en toute chose éphémère l'éternel, dans toute chose éternelle le changement. Il tient la pensée balancée, comme dans une mutation perpétuelle, entre deux abîmes. L'espèce humaine a eu, personne n'en doute, une origine matérielle : elle est sortie par des évolutions plus ou moins longues du sein même de la nature, comme chaque jour encore les embryons sortent des œufs. Notre race a de plus une origine divine, car les idées dont elle est la représentation et le dépositaire font partie de l'intelligence universelle. Il n'est aucune partie de la création où cette intelligence n'éclate ; seulement la langue de la nature n'est pas toujours compréhensible : certains êtres ne nous apparaissent que comme les ébauches informes d'un artiste infatigable, d'une fantaisie aussi désordonnée que puissante. Les animaux dont les mœurs, les attitudes, le visage, nous obligent à un retour instinctif sur nous-mêmes nous causent plus qu'un involontaire dégoût : leur aspect soulève au plus profond de notre être je ne sais quelle étrange inquiétude. Nous voudrions effacer dans le riant tableau du monde ces images déformées, ces fantômes avilis de la personne humaine ; mais notre puissance expire devant cette force silencieuse, impénétrable, qui emporte dans

Auguste Laugel

son mouvement toutes les choses créées, et notre raison trouve partout des énigmes, en elle-même et hors d'elle-même, dans les abstractions où elle se complaît comme dans le balancement des mondes ou le ricanement diabolique d'un singe.

Une chose toutefois doit nous consoler et nous raffermir : les énigmes mêmes que se pose l'intelligence témoignent de sa grandeur, car n'est-il pas vrai de dire que celui-là sait le plus qui Se fait à lui-même le plus de questions ? A quelques-uns l'étude des rapports entre l'homme et les bêtes pourra sembler un danger, un signe de décadence, une sorte d'abdication morale. Ces craintes, justifiées peut-être en un certain jour ou dans un certain lieu, n'arrêtent pas celui qui se place à la hauteur d'une philosophie indépendante des systèmes et des écoles. Quelle que soit l'origine de l'homme, il a depuis des siècles une histoire qui n'emprunte rien au règne animal : il a élevé civilisation sur civilisation et rempli le monde des monuments de son ambition et de son génie ; il est le seul acteur d'un drame où les autres êtres n'apparaissent que comme des accessoires. Puis, si, laissant derrière lui le monde visible, il entre dans la sphère idéale de la pensée, nul ne peut l'y suivre, et il s'élance tout seul dans ces régions qui lui ont été réservées. Qui ne connaît ce tableau admirable où Michel-Ange a représenté la création de la femme ? On pourrait y voir comme une image symbolique de la création de l'âme. Étendu sur un sol nu et déchiré, Adam est plongé dans un sommeil léthargique et sans rêves ; sa tête sombre et pendante, ses mains languissantes sont presque celles d'un cadavre ; cependant Eve, souriante, étonnée, s'élève derrière lui par un mouvement plein de force et de grâce, et tend ses mains suppliantes vers l'austère Créateur. Ainsi de la matière inerte livrée aux vulgaires combinaisons des affinités chimiques sort une flamme que rien ne peut étouffer ni ternir, et qui, vivifiant la pensée humaine, s'élève avec elle jusqu'au foyer divin dont la splendeur illumine le monde.

Section II

ISBN : 978-1541105744